这就是天气

湿度

庄婧 著　大橘子 绘

九 州 出 版 社
JIUZHOUPRESS

图书在版编目（ＣＩＰ）数据

这就是天气．5，这就是湿度 / 庄婧著；大橘子绘
．－－ 北京：九州出版社，2021.1
ISBN 978-7-5108-9712-2

Ⅰ．①这… Ⅱ．①庄… ②大… Ⅲ．①天气－普及读
物 Ⅳ．① P44-49

中国版本图书馆 CIP 数据核字（2020）第 207927 号

目 录

什么是湿度

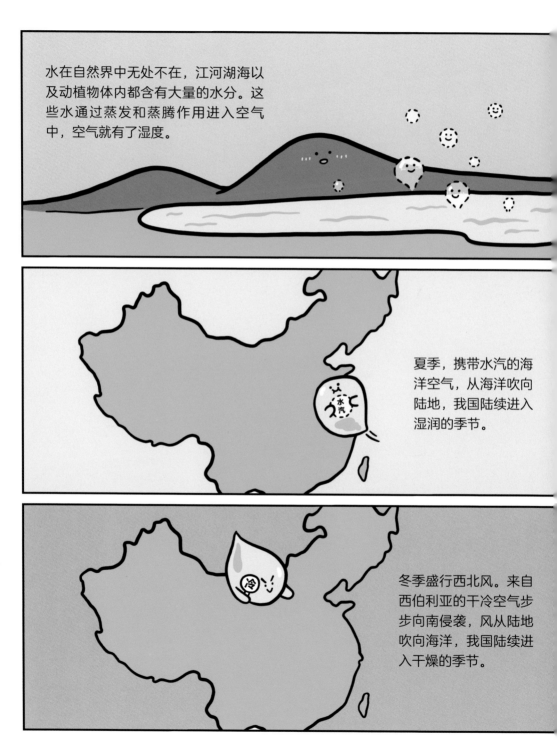

水在自然界中无处不在，江河湖海以及动植物体内都含有大量的水分。这些水通过蒸发和蒸腾作用进入空气中，空气就有了湿度。

夏季，携带水汽的海洋空气，从海洋吹向陆地，我国陆续进入湿润的季节。

冬季盛行西北风。来自西伯利亚的干冷空气步步向南侵袭，风从陆地吹向海洋，我国陆续进入干燥的季节。

表征湿度的方式比较多，比如有相对湿度、绝对湿度、比湿、露点等。

通常我们感知到的空气的干燥潮湿，用相对湿度来表示。相对湿度是空气实际含水量和理论最大含水量的比值。

我们通常所说的 30%、50% 的空气湿度都是用相对湿度（RH）来表示。

湿度的日变化

当一个地方天气比较稳定的时候，空气的实际含水量不会有太大变化，但是理论最大含水量却会随温度发生变化。

稳

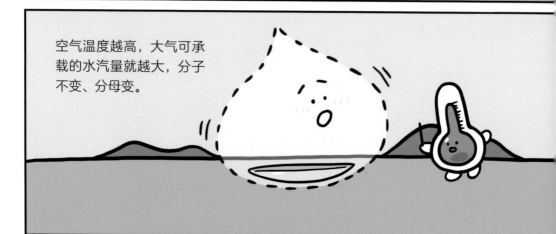

空气温度越高，大气可承载的水汽量就越大，分子不变、分母变。

所以在一天当中，相对湿度会呈现很大的起伏波动。

早

晚

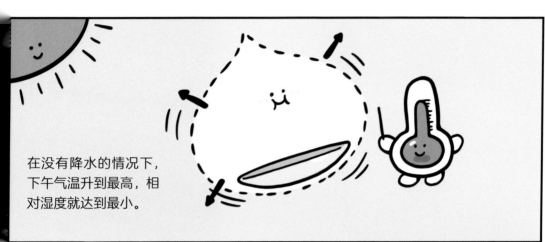

在没有降水的情况下，下午气温升到最高，相对湿度就达到最小。

相反，从夜间到早晨的相对湿度则达到最大。这种原理在我们日常生活中随处可见。

比如我们用吹风机吹头发，除了会加快水分蒸发之外，吹风机通过加热空气，使得头发的最大含水量升高，那么相对湿度也就随之降低，加快头发变干。

湿度和雾

如果夜间天气晴朗、气温下降较快，相对湿度就会迅速升高，这个时候空气里的水蒸气逐渐饱和。

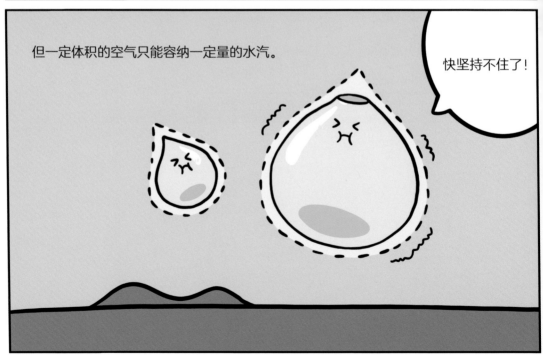

但一定体积的空气只能容纳一定量的水汽。

快坚持不住了！

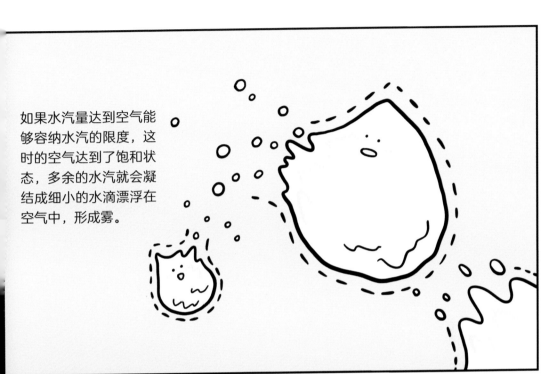

如果水汽量达到空气能够容纳水汽的限度，这时的空气达到了饱和状态，多余的水汽就会凝结成细小的水滴漂浮在空气中，形成雾。

夜间到清晨，最常出现大雾。

湿度和云

对流层

通常情况下，从地面到对流层，气温随高度的升高而降低；相对湿度则随高度的升高而升高，越高的空气湿度越接近饱和。

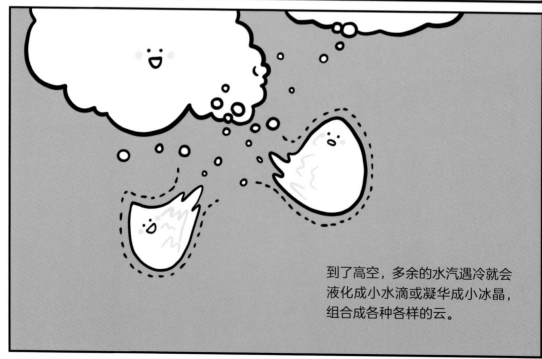

到了高空，多余的水汽遇冷就会液化成小水滴或凝华成小冰晶，组合成各种各样的云。

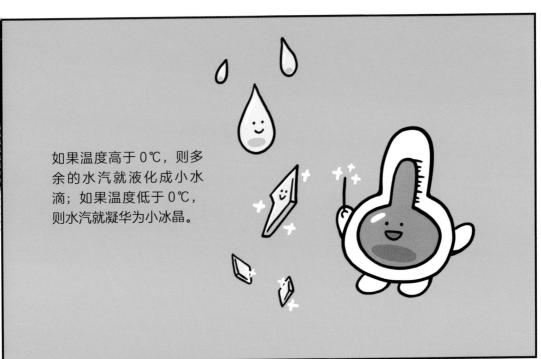

如果温度高于 0℃，则多余的水汽就液化成小水滴；如果温度低于 0℃，则水汽就凝华为小冰晶。

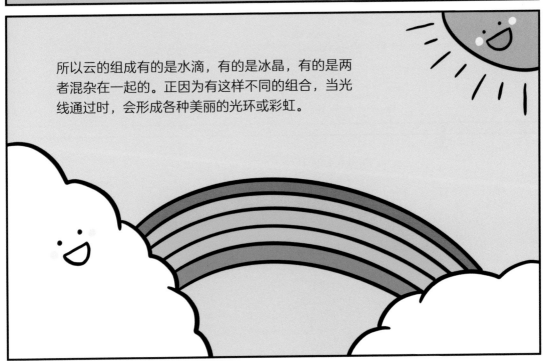

所以云的组成有的是水滴，有的是冰晶，有的是两者混杂在一起的。正因为有这样不同的组合，当光线通过时，会形成各种美丽的光环或彩虹。

根据形成高度的不同，云分为高云、中云、低云三大类。

高云一般形成于对流层较冷的部分，在这个高度的水汽会凝固结晶，所以高云往往由冰晶体所组成的。

中云的高度往往能够达到2000~6000米，一般由微小水滴、过冷水滴或者冰晶、雪晶混合而组成。

低云的云底高度一般在2000米以下，大多数是由水滴构成的，如果接近地面那就是雾了。

爬山时欣赏到的云海就是由于山顶温度低而形成的一种特殊自然景观。

湿度的观测

在日常生活中，我们都是用电子湿度计来测量空气的相对湿度；而在气象上常利用温度表来测量相对湿度。

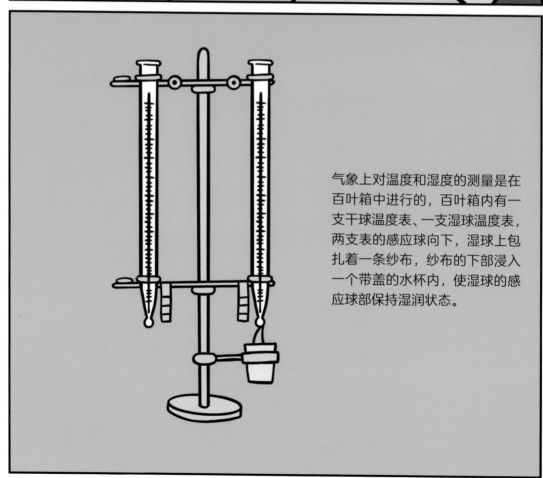

气象上对温度和湿度的测量是在百叶箱中进行的，百叶箱内有一支干球温度表、一支湿球温度表，两支表的感应球向下，湿球上包扎着一条纱布，纱布的下部浸入一个带盖的水杯内，使湿球的感应球部保持湿润状态。

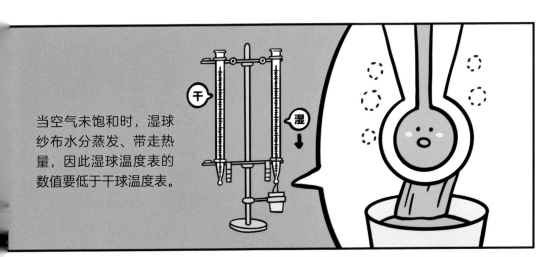

当空气未饱和时,湿球纱布水分蒸发、带走热量,因此湿球温度表的数值要低于干球温度表。

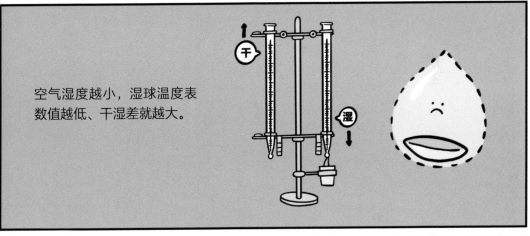

空气湿度越小,湿球温度表数值越低、干湿差就越大。

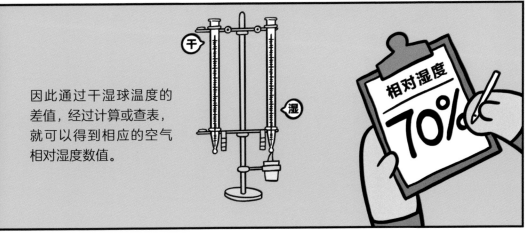

因此通过干湿球温度的差值,经过计算或查表,就可以得到相应的空气相对湿度数值。

其实古人很早就开始了对湿度的测量，我国还是最早发明测湿仪器的国家。

在《史记·天官书》中就提到了一种天平式的验湿器：把土和炭分别挂在天平两侧，天气干燥了，炭就轻，天平就倾向于土；天气潮湿了，炭就重，天平就倾向于炭。

东汉王充在《论衡·变动篇》中也记述了一种判断干湿的方法："天且雨，蝼蚁徙，蚯蚓出，琴弦缓。"

这是通过琴弦来判断空气的干湿程度——琴弦变松，是天变潮湿、弦线伸长所造成的，表示空气湿度较大。

湿度和地域

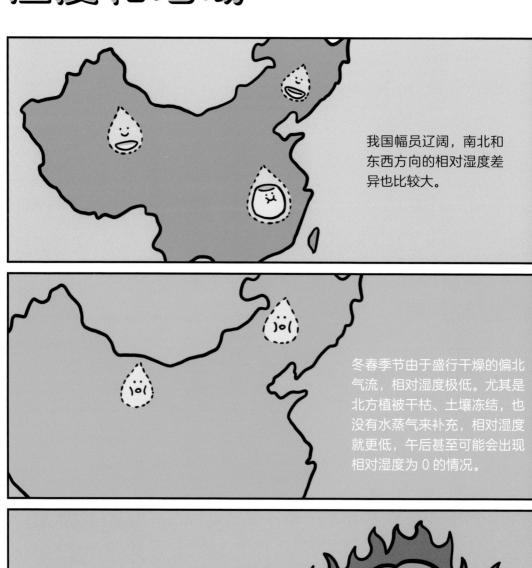

我国幅员辽阔，南北和东西方向的相对湿度差异也比较大。

冬春季节由于盛行干燥的偏北气流，相对湿度极低。尤其是北方植被干枯、土壤冻结，也没有水蒸气来补充，相对湿度就更低，午后甚至可能会出现相对湿度为 0 的情况。

这时森林火灾、沙尘等灾害也会多起来。

北方地区室内有供暖，相对湿度就更低了，这会使嘴唇和上呼吸道粘膜过于干燥，皮肤形成的硬皮层会阻碍蒸发，呼吸系统抵抗力就会下降。

啊啾

因此到了冬季，流感、哮喘、支气管炎等疾病的发病率也会显著增加。

静电

冬天干燥的天气还会带来一个困扰——静电。

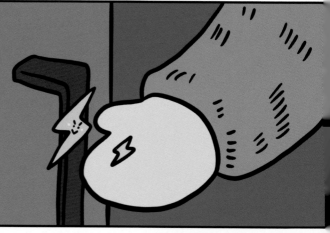

梳头时头发会经常"飘"起来，拉门把手、开水龙头时都会"触电"。

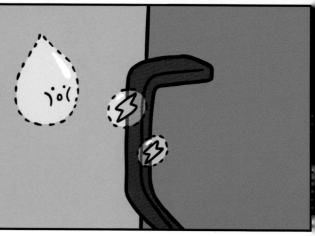

这是因为空气相对湿度越小，空气的导电率就越低，物体表面储存电荷的时间就越长，产生静电的能力就越强。

其实人类对电的认识就是从静电开始的。

西汉末年的纬书《春秋考异邮》中就有"（玳）瑁吸芥"的记载。静电产生的火花容易点燃一些易燃物体，发生起火甚至爆炸。

日常生活中我们可以通过以下方法来预防静电

出门前洗个手。

先把手放墙上抹一下，尽量不穿化纤的衣服。

可用小金属器件、棉抹布等先触碰大门、门把、水龙头等，再用手触及。

干旱

如果长时间处于干燥状态，没有降雨滋润，土壤就会缺水，这样就容易发生干旱。

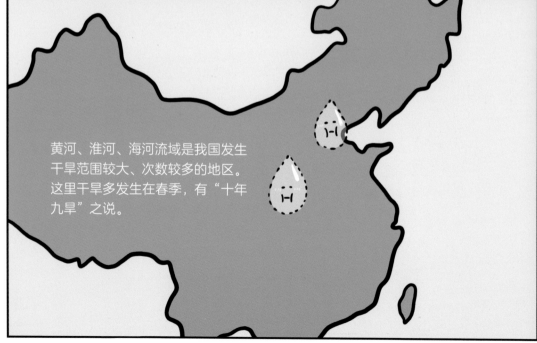

黄河、淮河、海河流域是我国发生干旱范围较大、次数较多的地区。这里干旱多发生在春季，有"十年九旱"之说。

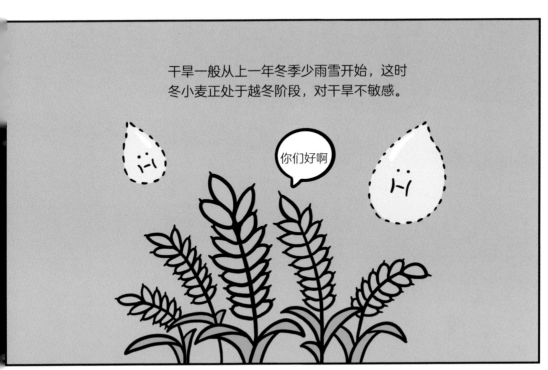

干旱一般从上一年冬季少雨雪开始，这时冬小麦正处于越冬阶段，对干旱不敏感。

你们好啊

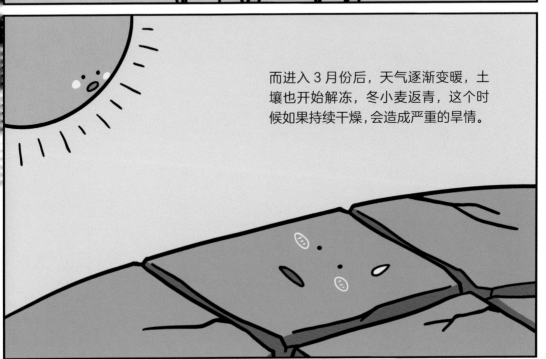

而进入 3 月份后，天气逐渐变暖，土壤也开始解冻，冬小麦返青，这个时候如果持续干燥，会造成严重的旱情。

高温伏旱

南方的干旱多出现在 7 月中旬到 8 月中旬，称为高温伏旱。

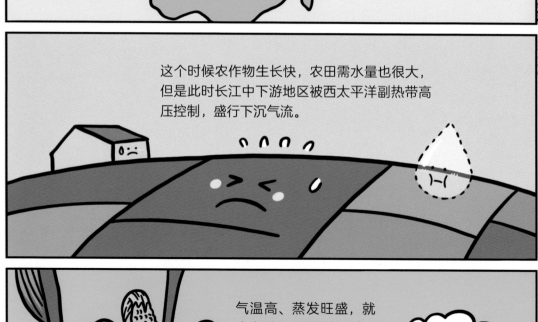

这个时候农作物生长快，农田需水量也很大，但是此时长江中下游地区被西太平洋副热带高压控制，盛行下沉气流。

气温高、蒸发旺盛，就会出现干旱酷暑的天气，影响晚稻和玉米等作物的生长。

北方夏季也会出现高温干旱，一种出现在7月、8月，与南方的伏旱类似；另一种出现在6月、7月。

此时北方受大陆高压的控制出现干热天气，气温高、空气干燥。

高温、干燥会影响玉米、高粱、水稻的正常生长，造成棉花蕾铃脱落。

湿冷与干冷

在冬天，南方和北方因为湿度不同，感受也大不相同。

有时候，南方的温度和北方相当，甚至南方的气温比北方还要高，但人们却感觉更冷。这是什么原因呢？

北方

南方

除了北方有暖气加持之外，湿冷效应也加剧了南方寒冷的感觉。

北方冬季干燥，湿度小，再加上有暖气加持，体感有时候比环境温度还高。

而在南方冬季，同样的温度，空气相对湿度往往会比较高，空气越潮湿，人体越容易散失热量，体感温度越低。

风湿性关节炎这类免疫系统疾病，在中国南方是常见病、多发病，就与南方冬季的湿冷天气有关。

闷热

到了夏天，气温越高，空气湿度越大，体感温度也越高。

这是因为夏天皮肤表面的汗液蒸发能带走一部分身体热量。

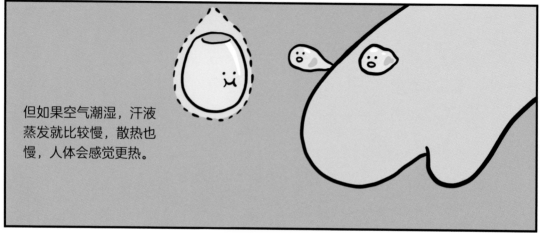

但如果空气潮湿，汗液蒸发就比较慢，散热也慢，人体会感觉更热。

这种风力小、气温高、湿度高的天气，就是我们所说的闷热天气。
比如说气温 30℃时，如果相对湿度达到 80%，那体感温度可能就能达到 38℃；相对湿度达到 90% 时，体感温度就能超过 40℃。

夏季，无论是南方还是北方，都会有闷热的感觉。

北方

南方

快出发吧！

华南往往是南方闷热天气的首发站，四五月份闷热感就开始出现了。

华南

桑拿天

闷热天气还有一个升级版——桑拿天，这名字光听着就能流汗。

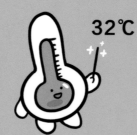 

当最高气温达到 32℃ 以上、平均相对湿度超过 80% 时，就是桑拿天了，这对于夏季的南方来说很容易达到。

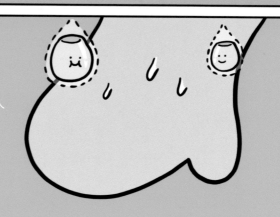

空气中的水汽含量高，人体内的汗液不容易排出，皮肤表面总是黏黏的。

要注意，高温≠桑拿，如果仅仅是气温高，但湿度低，顶多算"烤"；如果湿度高，那就是蒸了，又热又湿。

高温≠桑拿

下完雨怎么还这么热啊？

一般雨后天气多少都会凉快一些，但炎热的夏季不是所有的雨都能降温。

雨怎么这么快就停了？

当降雨量较少或降水时间较短时，不但不能降温，反而增大了空气湿度，更容易形成桑拿天。

回南天

华南地区还会出现另外一种特殊的天气——回南天。

回南天是天气返潮的现象，一般出现在春季的2、3月份。这时冷空气势力减弱，暖湿气流趁势反攻，致使气温迅速回升、空气湿度加大。

暖湿空气进入到楼内或房间内，遇到冰冷的物体（比如墙面、地面）时，水汽就很容易凝结成水珠。

冷

暖

水珠附着在墙壁和地板上，便好像是墙壁和地板渗出水来了，到处都湿漉漉的。

这就像我们在北方，走进一个干燥寒冷的浴室，把热水开到最大，不久浴室顶棚和四壁就会有水滴形成。夏天虽然相对湿度高，但墙壁和地板不够冷，也是不能出水的。

当"回南天"来临时，大家千万要记得紧闭家中的窗户，特别是朝南和东南的窗户。

相对湿度在每天的早晨和晚上最高，所以如果想开窗通风，建议大家在中午短时间开窗，当然也可以用专业的除湿机或空调进行除湿。

干湿建议

夏天湿度较大时，会导致人体散热功能出现问题，人会感到闷热烦躁、食欲减退，也容易遭受中暑、腹泻等疾病的侵袭。

这个时候一定要多喝水，不能口渴了再喝；出汗多时，要补充一点淡盐水；中午前后减少外出；作息规律，防止身体疲劳、抵抗力下降。

而冬春北方相对湿度较小时，干燥的空气易夺走人体的水分，人会感觉到口干舌燥，容易患上感冒、咽炎等疾病。
为了保证干湿平衡，冬春季节室内可以每天多拖几次地或者使用加湿器，加大室内的湿度；晚上睡觉的时候可以在床头放上一盆水；还可以时常开窗换气，一般在上午开窗比较好。

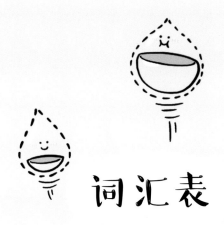

词汇表

湿度：表示空气干湿程度，即空气中所含水汽多少的物理量。

相对湿度：反映空气中绝对湿度与同温度和气压下的饱和绝对湿度的比值。空气中实际水汽压与当时气温下的饱和水汽压之比，用百分数表示。

水汽压：湿空气的气压中，由纯水汽所产生的分压力。

绝对湿度：单位容积空气中含有的水汽质量，即空气中的水汽密度，它是空气中水汽绝对含量的一种度量。

比湿：在湿空气中，水汽质量与湿空气质量之比，是空气湿度的一种度量。

露点：即露点温度，在气压不变与水汽无增减的情况下，未饱和湿空气相对于纯水面达到饱和时的温度。

雾：悬浮在贴近地面的大气中的大量微细水滴（或冰晶）的可见集合体。雾和云的区别仅仅在于是否贴近地面。

干旱：长期无雨或少雨，使土壤水分不足、作物水分平衡遭到破坏而减产的农业气象灾害。

闷热天气：使人感到潮湿和气闷的高温、高湿天气，多发生在多云无风的条件下。

回南天：对我国南方地区一种天气现象的称呼，通常指每年春天时，气温开始回暖而湿度开始回升的现象。